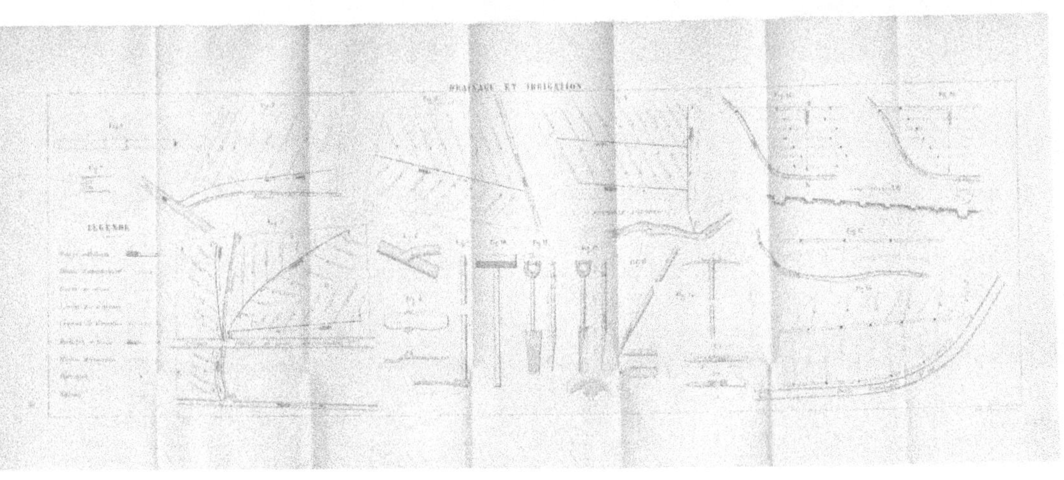

DRAINAGE ET IRRIGATION
LÉGENDE

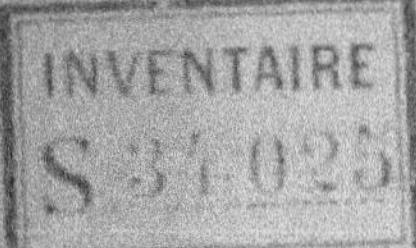

RÉCRÉATIONS DU JEUDI

OU

NOTES

SUR LE

DRAINAGE

ET L'IRRIGATION,

Par M. Fl. ROYER,

Vérificateur des poids et mesures, ancien instituteur à Dieuze,
auteur de l'*Arithmétique théorique et pratique*
des *Écoles primaires.*

> Le drainage et l'irrigation produisent
> l'abondance.
>
> *(Note de l'auteur.)*

NANCY,

HINZELIN ET COMP., IMPRIMEURS—LIBRAIRES,
Rue Saint-Dizier, 67.

1863.

NOTES

SUR LE

DRAINAGE ET L'IRRIGATION.

Nancy. — Imprimerie de Hinzelin et Comp.

RÉCRÉATIONS DU JEUDI

OU

NOTES

SUR LE

DRAINAGE

ET L'IRRIGATION,

Par M. FL. ROYER,

Vérificateur des poids et mesures, ancien instituteur à Dieuze,
auteur de l'*Arithmétique théorique et pratique*
des Écoles primaires.

Le drainage et l'irrigation produisent
l'abondance.

(Note de l'auteur.)

NANCY,

HINZELIN ET COMP., IMPRIMEURS—LIBRAIRES,
Rue Saint-Dizier, 67.

—

1863.

PRÉFACE.

En publiant ce petit traité sur le drainage, nous n'avons pas la prétention de dire quelque chose de nouveau, mais quelque chose de très-utile, dont les principes sont encore peu connus et dont l'expérience nous a démontré l'excellence.

C'est au génie fécondé par la science qu'appartiennent la gloire et le privilége des découvertes utiles, et à l'esprit positif et pratique le mérite plus modeste de les répandre, de les populariser et d'en faciliter l'application.

De leurs efforts réunis naissent le bien-être et le progrès, c'est-à-dire l'amélioration morale, physique et intellectuelle de l'humanité.

Ce n'est donc que ce rôle pratique et secondaire que nous nous sommes imposé, heureux si nous pouvons, en quoi que ce soit, contribuer à la prospérité générale de notre pays.

Déjà beaucoup de propriétaires ont reconnu l'utilité du drainage sans encore avoir mis la main à l'œuvre. C'est que les moyens d'exécution leur ont manqué. En effet, peu d'ouvriers sont au cou-

rant de ce travail qu'il faut de toute nécessité exécuter d'après certains principes pour en obtenir de
bons résultats. Nous comprenons donc parfaite-
ment l'hésitation de ces propriétaires privés de
conseils et d'expérience, et c'est pour leur venir en
aide que nous publions ce traité élémentaire.

Dans le premier chapitre, nous indiquons la
marche à suivre pour obtenir le concours du service
hydraulique.

Les employés de cette administration sont souvent à même de procurer ces ouvriers ou d'en indiquer au choix des propriétaires.

Un chef d'atelier suffit pour diriger d'autres
terrassiers intelligents de la localité qu'on lui ad-
joint et qui travaillent sous ses ordres. Parmi
ceux-ci, il s'en trouve qui saisissent la direction,
la profondeur et l'espacement à donner aux drains,
qui se familiarisent avec les difficultés, les procédés et l'outillage, et qui, après quelque temps, deviennent, eux-mêmes, des chefs d'ateliers et les
apôtres les plus actifs du drainage.

Par ce moyen, chaque pays se crée un personnel
expérimenté que chacun utilise à loisir et qui est
une bonne fortune pour la contrée.

C'est là un des meilleurs moyens de propager le
drainage, car l'ouvrier expérimenté éveille l'attention du propriétaire sur le triste état de telle pièce
de terre, de tel pré ou de telle vigne, lui indique
la manière facile de remédier au mal, lui cite des
exemples en lui faisant observer la différence des
récoltes, lui montre les plus mauvaises terres d'au-

trefois devenues les plus productives, et par là le décide à faire un petit essai. Alors le bien est fait et l'année suivante les rôles changent : cette fois, c'est le propriétaire qui vient trouver l'ouvrier pour que celui-ci lui draine une nouvelle pièce. Mais le voisin, à son tour aussi, a vu, observé, comparé et finit par agir, et ainsi s'établit, par l'exemple, la marche lente, mais assurée, du progrès et de la civilisation.

Ce que nous avançons là résulte déjà de l'expérience, car c'est précisément dans les environs où le hasard a créé ou disposé un ouvrier draineur capable qu'on fait le plus de drainage.

Nous connaissons un petit nombre de ces ouvriers actifs et intelligents que nous pouvons indiquer en toute confiance aux propriétaires désireux de drainer, surtout lorsque le tracé et les projets auront été faits par les soins de l'administration hydraulique.

MM. les instituteurs, qui comprennent si bien l'importance de la mission que le Gouvernement leur confie, peuvent aussi puissamment contribuer à la propagation du drainage, en expliquant, les jeudis par exemple, à leurs élèves les plus avancés, les principes à observer et surtout en leur traçant sur le terrain, au moyen de jalons, des projets de drainage ; en leur montrant les terrains qui ont besoin d'être drainés ; en leur indiquant les procédés à employer, les précautions à prendre, les difficultés qu'on rencontre et la manière de les combattre. Leur enseigner les bonnes méthodes, c'est leur épargner, dans la suite, de fâcheux mécomptes et leur inculquer le goût des améliorations.

Nous avons complété ce travail par quelques conseils sur l'irrigation, qui est, pour les prés, le complément du drainage.

L'eau croupissante nuit à l'herbe, elle pourrit les racines et change la bonne herbe en joncs, roseaux, etc. ; pour remédier à cet état de choses, il faut drainer le pré et la qualité du fourrage se rétablit ; mais, pour augmenter la quantité, il faut l'irriguer, c'est-à-dire donner au pré l'humidité nécessaire à la croissance de l'herbe et surtout la donner dans les moments opportuns.

Par la combinaison de ces deux puissants moyens, on fait produire aux prés tout ce qu'il est possible d'en obtenir en qualité et en quantité.

DU DRAINAGE.

§ Ier.

En agriculture, on appelle drainage une opération qui a pour but d'assainir, d'assécher et de fertiliser les terres humides.

En empêchant le séjournement des eaux près de la surface du sol, on augmente d'une manière permanente la fertilité de la terre, la quantité et la qualité des produits : le drainage favorise la croissance des plantes et avance la maturité des récoltes ; il les protège contre la brûlure pendant les chaleurs de l'été (1) et les plantes contre l'action

(1) L'air contenu dans les tuyaux conserve assez uniformément la température de nos caves ; et quand, au moment de nos grandes chaleurs, au moment où la terre est desséchée, l'air extérieur atteint une température plus élevée, alors l'air des tuyaux monte en passant par les

des gelées d'hiver et de printemps ; dans les terres fortes, il rend le labour à la fois possible en tout temps, plus parfait et moins pénible pour les hommes et les chevaux : l'engrais profite mieux, parce qu'il se décompose bien (1) ; il établit la

couches humides du fond, va en s'élevant déposer cette humidité dans le sol brûlant qu'il traverse et, ainsi, rafraîchir les racines.

Le contraire arrive en automne, au printemps ou pendant les fraîches matinées d'été, c'est-à-dire quand le sol est affecté d'un excès d'humidité, que l'air extérieur est d'une température plus basse que celui contenu dans les tuyaux: alors le courant d'air se produit du haut en bas et l'excès d'humidité des couches supérieures dont l'air est saturé se trouve emmené et déposé dans les tuyaux.

Ce mouvement alternatif d'un air humide quand le terrain est trop sec, et d'un air sec quand le terrain est trop humide, est excessivement avantageux aux plantes : il favorise la décomposition des éléments nutritifs que la couche arable contient. C'est donc à point que le courant d'air apporte aux racines altérées cette salutaire humidité qu'on peut considérer comme une bienfaisante irrigation souterraine et c'est à point aussi que le courant d'air débarrasse les couches supérieures d'une humidité nuisible pour la conduire au fond des drains.

(1) Dans les terres argileuses, compactes, non drainées, on trouve fréquemment dans la culture de l'année suivante une quantité de fumier qui, par l'effet de la compacité de la terre, ne s'est pas décomposé et n'a donc pas profité, tandis que dans un terrain drainé, la terre arable absorbe tout le purin et fournit ainsi aux plantes les sucs nutritifs qui servent à les développer. Dans un terrain non drainé, une bonne partie du fumier répandu ou enfoui à peu de profondeur se trouve délavée et même entraînée, tandis que dans les terrains drainés il existe une humidité suffisante qui, secondée par une augmentation de chaleur, décompose très-bien le fumier et le rend immédiatement profitable à la terre.

circulation de l'air dans le sol, y augmente sensiblement la chaleur (1) et produit une amélioration
dans l'état sanitaire en détruisant les causes permanentes de fièvres et d'épidémies qui attaquent
les hommes et les animaux.

Dans les terres convenablement drainées, on a
constaté un accroissement de rendement de 30 à
35 pour cent sur les pailles et de 45 à 50 pour
cent sur le grain.

Les blés versent moins, parce que la paille est
plus forte et résiste mieux ; le grain non—seulement est plus beau, mais il se bat mieux et fournit
plus de farine ;

Les pommes de terre sont grosses, nombreuses,
très—farineuses et exemptes de la pourriture (la
frisolée) ;

Les turneps deviennent gros, sont sucrés et ont
une pelure mince et douce ;

Le trèfle et la luzerne donnent des récoltes
abondantes d'un fourrage succulent ;

L'abondance des récoltes étouffe les mauvaises
herbes ;

Dans les prairies, les joncs et autres plantes
aquatiques disparaissent pour faire place à une
récolte double d'un excellent fourrage avec lequel
le bétail se porte bien, s'engraisse facilement,
produit de bon lait et une viande de bonne qualité ;

Les vignes produisent un beau bois et celles qui
sont basses ne sont pas plus exposées aux gelées
du printemps que les vignes hautes ; le vin se conserve mieux et est d'une qualité relativement supé-

(1) La différence moyenne de chaleur entre un terrain
drainé et un terrain humide est de 6 degrés. Il en résulte
donc une grande différence sur la nature des récoltes et
l'époque de leur maturité.

rieure. Ledrainage garantit la vigne contre la maladie si nuisible vulgairement appelée la jaunisse.

Pour que la végétation se trouve dans de bonnes conditions, il lui faut une certaine humidité, de l'air, de la lumière et de la chaleur.

L'humidité est dans la proportion convenable lorsqu'elle peut être absorbée par les particules dont la terre se compose, qu'elle suffit à la nourriture de la plante et à la décomposition des matières organiques que contient la terre arable ou qu'on y introduit sous forme d'engrais.

La terre ainsi humectée peut s'émietter dans la main sans laisser de traces de boue, quoiqu'elle contienne de l'humidité, puisqu'étant exposée à une certaine chaleur, elle perd de 20 à 50 pour cent de son poids.

Si, au contraire, il y a plus d'eau que les particules n'en peuvent contenir, alors elle remplit les canaux, y empêche la circulation de l'air et de la chaleur, le sol se refroidit et devient impropre à la végétation.

On reconnaît facilement qu'un terrain a besoin d'être drainé :

1° Quand, pendant l'hiver ou après de fortes pluies, l'eau séjourne à la surface du sol, dans les sillons ou dans un trou qu'on y a creusé à dessein;

2° Quand la surface amollie cède sous le poids des hommes et des animaux;

3° Quand des taches foncées apparaissent, çà et là, au printemps, après que la terre a été labourée (1);

(1) Souvent, par le temps sec, à l'approche de l'été, ces taches disparaissent dans certains terrains et on se figure à tort qu'un tel sol n'a pas besoin d'être drainé; mais

4° Quand les labours ne peuvent se faire que tardivement et difficilement au printemps et lorsqu'on ne peut labourer que quinze jours environ après une pluie abondante ;

5° Quand les jeunes plants sont sujets à la gelée et lorsqu'après les gelées et dégels ils sont soulevés et déchaussés ;

6° Quand les prairies produisent de la mousse, des joncs, des plantes aquatiques, une herbe rude et grossière ;

7° Quand les arbres se couvrent de mousse et de plantes parasites, quand l'essence du bois blanc domine et que les futaies se couronnent avant l'âge (1) ;

8° Quand les chemins sont constamment boueux et découpés par de profondes ornières, que l'air y est humide et froid et que les gelées blanches y sévissent depuis l'automne jusque dans le cœur du printemps ;

9° Quand, en été, les mouches et les insectes tourmentent, du matin au soir, les hommes et le bétail ;

c'est que le séjour de l'eau croupissante dans le sol pendant tout l'hiver, influe d'une manière fâcheuse sur les récoltes, en rendant intérieurement le terrain tellement humide et froid qu'il faut toute la chaleur de l'été pour le ressuyer, de manière que les plantes sont privées du bénéfice de cette chaleur, qui aurait développé leur croissance et avancé leur maturité.

Ainsi l'absence d'humidité à la surface du sol peut tromper sur le véritable état du sous-sol, qui peut contenir de l'eau dont on ne soupçonne pas l'existence.

(1) Les forêts et les plantations d'arbres ne peuvent être assainies qu'avec des fossés à ciel ouvert, parce que les racines encombreraient immédiatement drains et tuyaux.

10° Quand, pendant l'automne, les moutons y sont sujets à la gale et à la pourriture et sont tourmentés par les vers et les mouches;

11° Quand enfin on est obligé de cultiver en billons ou ados.

De tout temps on a reconnu l'utilité du drainage et de tout temps on a travaillé à l'assainissement, à l'ameublissement et à la fertilisation des terres, soit par des fossés pratiqués à ciel ouvert, soit par des fossés couverts dont on remplissait le fond de fascines ou de petites pierres et qu'on recouvrait ensuite de terre. C'est dans ce but que le jardinier fleuriste a établi, au fond des pots de fleurs, le petit trou par où égoutte l'eau superflue qui serait nuisible à la plante, et c'est encore pour le même motif que nous cultivons la plupart de nos terres en billons ou ados.

Il n'y a donc dans le drainage d'aujourd'hui de nouveau que les matériaux ou tuyaux et manchons, les procédés et la méthode qui, en grande partie, n'en sont que la conséquence. En effet, ce n'est que depuis 1843 que le drainage est devenu un art positif, économique, efficace et durable dans ses effets, et c'est à Réad, inventeur des tuyaux en terre cuite, que nous en sommes redevables.

Bien qu'aujourd'hui l'utilité du drainage soit de notoriété publique, il existe encore des esprits timides, craintifs, peut-être même incrédules; à ceux-là nous dirons :

« Allez observer vous-mêmes, comparez les
» récoltes des terrains bien drainés avec celles des
» terrains non drainés et placés dans les mêmes
» conditions; nous n'exigeons pas de vous une foi
» aveugle, votre prudence nous fait plaisir : mais
» jugez sans prévention, avec impartialité et bonne

» foi ; méfiez-vous de ce faux amour-propre qui
» rend injuste et absurde ; mettez-vous surtout en
» garde contre cette aveugle routine qui conseille
» si mal, qui égare et que tous les jours on entend
» traduire par cette banalité : — Mon père faisait
» ainsi, je ferai comme lui ! »

Triste et ridicule argument ! Nos pères n'ont-ils
pas pendant longtemps opiniâtrément repoussé la
culture de la pomme de terre ? Cependant, nous
sommes heureux d'en avoir. Ils n'ont pas voulu
des prairies artificielles qui font notre richesse
aujourd'hui ! Et que n'a-t-il pas fallu imaginer
pour introduire l'usage du plâtre ! Et néanmoins
nous reconnaissons tous la haute utilité de cette
innovation.

Mais, si on admettait ce principe, tout progrès
serait impossible, et pourtant les besoins réels et
factices augmentent sensiblement, car les popula-
tions croissent en nombre et en âge : on poursuit
ou on cherche à se procurer du bien-être ; le fils
ne se contente plus ni des vêtements grossiers et
simples, mais solides du père, ni de sa nourriture.
Il est donc facile de comprendre que les produits
d'autrefois ne suffiraient plus à la consommation
de nos jours et qu'il y a urgence d'employer les
moyens qui mettront les produits en rapport avec
les besoins ; mais, malgré l'édifiante sobriété de
nos ancêtres, ils n'ont pas toujours vécu dans l'a-
bondance ; car, sans parler de ces époques reculées
d'affligeante mémoire, n'ont-ils pas eu à gémir de
l'affreuse disette de 1789 et de celle de 1817 ? Et
nous-mêmes, sans avoir eu à souffrir de calamités
aussi navrantes, n'avons-nous pas récemment tra-
versé les crises alimentaires plus ou moins inten-
ses des années 1847, 53, 54, 55, commencement

de 56, 60 et 62? Grâce encore a cette grande
facilité des transports et à la sollicitude du Gouvernement, qui certainement nous ont préservé de
plus grandes privations et souffrances (1).

(1) Quand le prix normal du pain est doublé ou triplé,
que l'équilibre entre le salaire et le prix des vivres n'existe
plus, à combien de souffrances et de privations les malheu-
reux ne sont-ils pas condamnés, malgré l'inépuisable
charité publique et l'ingénieuse, prompte et constante
sollicitude du Gouvernement!

Pendant toute cette triste période, la pourriture des
pommes de terre a puissamment contribué à la cherté
des grains; mais précisément ce terrible fléau a eu pour
principale, même seule cause, la trop grande humidité. On
s'en convaincra facilement en lisant les observations mé-
téorologiques suivantes, qui sont bien certainement de
nature à ébranler la résistance la plus robuste et à enga-
ger à employer le remède le plus efficace et le plus natu-
rel contre un mal aussi grand :

En 1816, on a constaté en Lorraine 167 journées de
pluie, un jour de pluie sur deux! 26 pour le mois de
juillet à lui seul!... A cette calamité, il faut ajouter l'épou-
vantable orage du 5 août, qui a ravagé les biens de la
terre, surtout dans la Lorraine allemande!

En 1852, il y a eu 6 mois pluvieux: juin, juillet, août,
septembre, octobre et novembre. Pendant cette année, on
a mesuré 1,206 millimètres d'eau; les rivières ont débordé
le 17 et 22 juin et le 19 août.

En 1854, le mois de mai a fourni 134 millimètres d'eau,
juin 227 et juillet 129; les débordements ont lieu le 14
mai, 16 et 18 juin;

En 1855, mai a fourni 106 millimètres, juin 112 et
juillet 207;

En 1856, mai a fourni 189 millimètres, juin 116 et
septembre 155, ce qui a donné lieu à de désastreux débordements;

En 1860, le mois d'août a fourni 138 millimètres, ce qui
a extrêmement contrarié la moisson; la température s'est
tellement abaissée que le raisin et l'avoine n'ont pas
mûri, et dès le 12 octobre la terre était couverte de neige,
ce qui n'était pas arrivé depuis 1816.

Il faut donc franchement entrer dans la voie du progrès, notre intérêt et notre devoir nous y engagent ; mais écoutons comment, en 1855, s'exprimait à ce sujet le grave et logique rapporteur de la commission pour l'examen de la loi relative au drainage :

« Les récoltes des années 1846 (1) et 1853 sont

A part les souffrances qui ont été les suites inévitables de ces temps calamiteux, quels innombrables malheurs les débordements de 1816, 24, 40, etc., etc., n'ont-ils pas occasionnés à Paris, où la Seine a éprouvé une crue de $5^m,50$, à Lyon, où le Rhône a dépassé toutes les plus grandes crues connues, dans l'Est, le Centre et le Nord de la France ?

Ce sont là, dira-t-on légèrement, de grandes calamités contre lesquelles le génie et la science sont impuissants, car comment empêcher l'eau de tomber en trop grande abondance ?

Cette objection est plus spécieuse que fondée, car par le drainage nous pouvons en neutraliser en partie les effets désastreux, en en réglant l'écoulement.

En effet, l'eau qui tombe sur des terres imperméables, non drainées, se précipite à la surface de la terre vers le point le plus bas, au fur et à mesure qu'elle tombe, emmenant avec elle terre et récoltes, et de là les inondations ; mais qu'elle tombe sur des terres drainées, devenues perméables : l'eau entre en grande partie dans le sein de la terre, comme dans un vaste réservoir, d'où elle met, pour s'écouler, de 36 à 48 heures, et, ainsi divisée, les rivières ont emmené la première quand la dernière arrive.

Dans le premier cas, elle s'écoule comme elle tombe ; dans le deuxième, elle se trouve retardée dans son écoulement et coule plus longtemps : et voilà comment nous pouvons nous affranchir d'une partie des débordements.

Il en est de même de l'excès d'humidité provenant des eaux de fond dont souffrent nos terres imperméables : le drainage les en garantit en en favorisant l'écoulement.

(1) L'été de 1846 n'a pas été pluvieux, il a même été sec et chaud, mais que pouvait un temps favorable et réparateur sur une récolte perdue en hiver par les gelées et le dé-

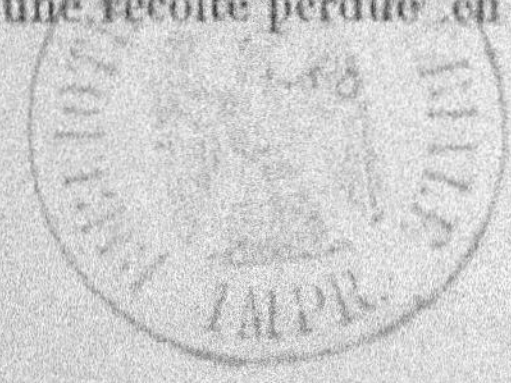

» loin d'avoir suffi aux besoins de la France, et
» près de 600 millions de francs ont été employés
» à se procurer des céréales à l'étranger. Notre
» Gouvernement, après avoir pourvu avec autant
» d'intelligence que d'activité aux nécessités de la
» situation, s'est appliqué à rechercher les causes
» de ces disettes périodiques, ainsi que des moyens
» d'y apporter remède.

» Il a été constaté que l'insuffisance de produc-
» tion avait presque toujours coïncidé avec les
» saisons pluvieuses, et que le mal s'était principa-
» lement fait sentir dans des terres argileuses. Ces
» terres, si fertiles pendant les années suffisam-
» ment sèches, ont été, en 1846 et 1853, frappées
» d'une stérilité telle, que les fermiers n'ont pu
» guère apporter sur les marchés que la moitié
» de l'approvisionnement ordinaire, d'où l'on doit
» tirer cette conséquence que les moyens employés
» dans notre pays, pour l'assèchement des terres
» humides, sont complètement insuffisants.

» Et n'allez pas croire, Messieurs, que ces ter-
» rains soient en minime proportion parmi les
» terres cultivables de notre France : les études
» géologiques démontrent que les terrains réten-
» tifs d'eau, soit dans le sol ou couche arable,
» soit dans le sous-sol (1) s'élèvent à la quantité

chaussement ? Et à quelle cause attribuer ce déchausse-
ment, si ce n'est aux eaux croupissantes provenant des
pluies d'automne et de la fonte des neiges, qui ont filtré à
travers la terre arable et se sont arrêtées sur la terre imperméable de dessous ?

(1) On appelle sol la couche de terre arable ou culti-
vable. Son épaisseur ordinaire varie de 12 à 30 centimètres et se compose de trois substances principales : de
sable, d'argile et d'humus ou terreau. Souvent il s'y
trouve aussi de la chaux et alors cela n'en vaut que mieux.

» de près de 10 millions d'hectares, le quart
» environ des terres livrées à la culture.

» Supposons un moment que ces 10 millions
» d'hectares aient été, par l'assèchement et la
» bonne culture, amenés à leur maximum de pro-
» duction, que le quart seulement ait été semé
» en céréales, et vous aurez une augmentation
» que, dans les années humides, on ne peut éva-
» luer à moins de 25 millions d'hectolitres de
» grains en plus de ce qui a été produit en 1846
» et 1855.

» Les renseignements nombreux et précis four-
» nis à la commission établissent d'une manière
» irrécusable que les terres drainées ont produit,
» dans l'année humide de 1855, de huit à dix hec-
» tolitres de plus, dans les mêmes conditions, que
» les terres non drainées. »

Voilà un rapport bien clair, bien précis, émanant
d'une autorité entièrement désintéressée, n'ayant

On approfondit progressivement le sol, en cultivant
chaque année un peu plus profond et en donnant avant
l'hiver le labour par lequel on ramène de la terre neuve.

Cependant, pour ne pas nuire aux terres, la première
année, au lieu de ramener tout de suite la terre de dessous
à la surface, on peut faire suivre la charrue et dans la même
raie, par une seconde charrue dépourvue du versoir.
Cette opération ameublit le sol, permet aux racines de
s'y étendre et d'y puiser leur nourriture et à l'air, à la
chaleur et à l'humidité d'y pénétrer et de le fertiliser.
L'année suivante, on peut alors ramener à la surface une
partie de cette terre remuée.

Le sous-sol est au-dessous du sol ou de la couche arable. Il importe au cultivateur de le bien connaître, parce
qu'il exerce une grande influence sur la qualité du sol
(surtout quand celui-ci est peu profond), ainsi que sur la
profondeur et l'écartement des drains quand on a intention de drainer.

d'autre but que le bien général, d'autre ambition que de contribuer à procurer du pain à tous, en augmentant la force productive de notre pays.

Ce qui prouve qu'il a été bien compris, c'est que la Chambre a voté 100 millions pour être employés en subventions au drainage, remboursables en 25 annuités, juste mesure pour nous de l'importance que le Gouvernement, attentif à tous nos besoins, attache à cette intelligente et lucrative innovation.

Il ne s'est pas contenté de cette libéralité: bien convaincu, après des études sérieuses, de l'utilité et de la supériorité des tuyaux en terre cuite, pour faciliter le drainage et le répandre de plus en plus, en le rendant moins coûteux, il a accordé, à titre gratuit, aux principaux tuiliers, des machines pour la fabrication des tuyaux, et, pour cette faveur, le Gouvernement ne s'est réservé qu'un droit, celui de fixer lui-même le prix de vente des tuyaux, pour que l'acheteur ne puisse jamais être surfait.

Pour consommer son œuvre, pour prévenir de fâcheuses déceptions, pour assurer le bon emploi des fonds, par l'efficacité des travaux, il a mis à la disposition des propriétaires et des fermiers le personnel du service hydraulique, compétent dans la matière, qui se charge gratuitement de la rédaction des projets et de la surveillance de l'exécution (1).

Pour obtenir ce concours, il suffit d'en faire la demande à M. le Préfet.

(1) Combien de travaux de drainage ont déjà été faits sans avoir produit les résultats qu'on en attendait, et cela parce qu'on n'a pas observé les principes d'après lesquels on doit drainer! La direction, la profondeur et l'espacement des drains ne sont pas facultatifs, mais prescrits par la déclivité et la disposition du terrain, par la quantité d'eau et la nature du sous-sol.

Modèle de pétition.

Le sieur... domicilié à... canton de... a l'honneur de vous exposer qu'il est dans l'intention de faire drainer... pièce de... sise sur le ban de..., d'une contenance de... portant le n°... section... du plan cadastral.

Il vous prie, Monsieur le Préfet, de lui accorder le concours de l'administration du service hydraulique pour dresser les plans et les devis et surveiller les travaux.

Il désirerait commencer les travaux vers le mois de...

Dans cette attente, il vous prie, Monsieur le Préfet, d'agréer l'hommage respectueux de ses sentiments distingués.

(Dater et signer.)

Loi du 10 juin 1854

Sur le libre écoulement des eaux provenant du drainage.

Art. 1er. Tout propriétaire qui veut assainir son fonds, par le drainage ou autre mode d'assèchement, peut, moyennant une juste et préalable indemnité, en conduire les eaux souterrainement ou à ciel ouvert, à travers les propriétés qui séparent ce fond d'un cours d'eau ou de toute autre voie d'écoulement.

Sont exceptés de cette servitude les maisons, cours, jardins, pavés et enclos attenant aux habitations.

Art. 2. Les propriétaires de fonds voisins ou traversés ont la faculté de se servir des travaux faits en vertu de l'article précédent, pour l'écoulement des eaux de leurs fonds.

Ils supportent dans ce cas :

1° Une part proportionnelle dans la valeur des travaux dont ils profitent ;

2° Les dépenses résultant des modifications que l'exercice de cette faculté peut rendre nécessaires ;

3° Pour l'avenir, une part contributive dans l'entretien des travaux communs.

Art. 3. Les associations des propriétaires qui veulent, au moyen de travaux d'ensemble, assainir leurs héritages par le drainage, ou tout autre mode d'assèchement, jouissent des droits et supportent les obligations qui résultent des articles précédents. Ces associations peuvent, sur leur demande, être constituées, par arrêtés préfectoraux, en syndicats auxquels sont applicables les articles 3 et 4 de la loi du 14 floréal an XI.

Art. 4. Les travaux que voudraient exécuter les associations syndicales, les communes ou les départements pour faciliter le drainage ou tout autre assèchement, peuvent être déclarés d'utilité publique, par décret rendu au conseil d'État.

Le règlement des indemnités dues pour expropriation est fait conformément aux paragraphes 2 et suivants de la loi du 21 mai 1836.

Art. 5. Les contestations auxquelles peuvent donner lieu l'établissement de l'exercice de la servitude, la fixation du parcours des eaux, l'exécution des travaux du drainage ou d'assainissement, les indemnités et les frais d'entretien, sont portés en premier ressort devant le juge de paix du canton, qui, en prononçant, doit concilier les intérêts de l'opération avec le respect dû à la propriété.

S'il y a lieu à expertise, il pourra n'être nommé qu'un expert.

Art. 6. La destruction totale ou partielle des conduits d'eau ou fossés évacuateurs, est punie des peines portées à l'article 457 du code pénal.

L'article 463 de ce même code peut être appliqué.

Art. 7. Il n'est aucunement dérogé aux lois qui règlent la police des eaux.

Loi du 28 juin 1856.

Avance de cent millions à l'agriculture pour le drainage.

TITRE PREMIER.

ENCOURAGEMENT DONNÉ PAR L'ÉTAT.

Art. 1er. Une somme de 100 millions de francs est affectée à des prêts destinés à faciliter les opérations du drainage.

Un article de la loi des finances fixe, chaque année, le crédit dont le ministre de l'agriculture, du commerce et des travaux publics peut disposer pour cet emploi.

Art. 2. Les prêts effectués en vertu de la présente loi sont remboursables en vingt-cinq ans, par annuités comprenant l'amortissement du capital et l'intérêt calculé à 4 pour cent.

L'emprunteur a toujours le droit de se libérer par anticipation, soit en totalité, soit en partie.

Le recouvrement des annuités a lieu de la même manière que celui des contributions directes.

Le titre ii et le titre iii de cette loi ont rapport au privilége du Trésor, etc.

TITRE IV.

Dispositions générales.

Art. 9. Si une opération de drainage aggrave les dépenses d'un cours d'eau réglées par la loi du 14 floréal an XI, les terrains drainés sont compris dans les propriétés intéressées et imposées conformément à cette loi.

Art. 10. Un règlement d'administration publique détermine les conditions et les formes des prêts faits par le Trésor public, les mesures propres à assurer l'emploi des fonds provenant de ces prêts à l'exécution des travaux de drainage, les formes de la surveillance de l'administration sur l'exécution et l'entretien des travaux de drainage effectués avec les prêts faits par le Trésor public et, en général, toutes les mesures nécessaires à l'exécution de la présente loi.

Loi du 14 floréal an XI (4 mai 1803)
Sur le curage et l'entretien des rivières non navigables.

Art. 1er. Il sera pourvu au curage des canaux et rivières non navigables, et à l'entretien des digues et ouvrages qui y correspondent de la manière prescrite par les anciens règlements ou d'après les usages locaux.

Art. 2. Lorsque 'application des règlements en exécution du mode consacré par l'usage éprouvera des difficultés, ou lorsque les changements survenus exigeront des dispositions nouvelles, il y sera pourvu par le gouvernement dans un règlement d'administration publique, rendu sur la proposition du préfet du département, de manière que la quotité de la contribution de chaque imposé soit toujours relative au degré d'utilité qu'il aura aux travaux qui devront s'effectuer.

Art. 3. Les rôles de répartition des sommes nécessaires au paiement des travaux d'entretien, réparation ou reconstruction, seront dressés sous la surveillance du préfet, rendus exécutoires par lui et le recouvrement s'en opérera de la même manière que celui des impositions publiques.

Art. 4. Toutes les contestations relatives au recouvrement de ces rôles, aux réclamations des individus imposés et à la confection des travaux, seront portées devant le conseil de préfecture, sauf le recours au Gouvernement, qui décidera en conseil d'Etat.

§ II.

Différentes méthodes de drainage. — Tuyaux et manchons, — Qualités qu'ils doivent avoir. — Moyens de reconnaître les bons tuyaux.

Avant l'invention des tuyaux en terre cuite, on employait, au fond des drains, différentes matières pour favoriser l'écoulement des eaux, mais principalement de la pierraille qu'on recouvrait de terre. Cette méthode n'est plus guère usitée, 1° parce qu'elle est plus onéreuse que les tuyaux; 2° parce qu'elle ne présente pas les mêmes garanties de durée; 3° parce que ses effets sont moins efficaces.

Cependant, dans quelques cas exceptionnels, on y a encore recours : ou parce que les fabriques des tuyaux sont trop éloignées, ou parce que le terrain à drainer a besoin d'être épierré ou rehaussé, ou enfin parce que le fermier, non secondé par le propriétaire, pour atteindre son but, consent à ramasser et à conduire des pierres dans ses moments de loisir et pense, par son travail seul, arriver à remédier au mal, sans débourser d'argent.

Dans ces circonstances, on emploie de préférence des cailloux de moyenne grosseur, de 8 à 10 centimètres, lorsqu'on peut s'en procurer facilement, car les formes arrondies des cailloux exposent moins les drains à être obstrués que celles carrées ou plates des pierres qui, dans ce cas, se collent les unes contre les autres; mais quand on ne peut se procurer de cailloux ou pierres rondes, ni de grosses crasses de houille, on casse des pierres telles qu'on les a, à la grosseur indiquée; on en remplit le fond des tranchées de $0^m,30$ à $0^m,50$ de hauteur (quelques-uns les couvrent d'épines), et enfin on comble avec de la terre, ayant soin de conserver, pour la dernière couche, la terre arable, c'est-à-dire la première enlevée ; pour les prés, c'est le gazon.

Aujourd'hui que les prix réduits des tuyaux favorisent le drainage (1), on emploie presque exclusivement des tuyaux cylindriques de diamètres différents, suivant l'abondance de l'eau, la pente du terrain et la longueur des drains.

Souvent on les place tout simplement bout à bout au fond des drains, mais le plus souvent on les relie au moyen de manchons dans lesquels leurs extrémités sont emboîtées (fig. 1re).

Ces manchons sont, sinon d'une nécessité absolue dans toutes les circonstances, du moins d'une très-grande utilité dans la majeure partie des cas : ils donnent de la solidité aux conduits et y empêchent l'entrée des matières terreuses sans diminuer en rien la facilité de l'introduction de l'eau. Il faut toujours les employer quand le fond des saignées est mou, sans consistance et même lorsque le fond est ferme et résistant, mais argileux, car, avec le temps, l'air et l'eau détrempent ce fond et alors les tuyaux sont exposés à des dérangements qui ont pour suite inévitable l'obstruction des tuyaux.

Ils ne doivent être ni ovales, ni courbes et sur-

(1) En année moyenne et dans les circonstances les plus défavorables, les terrains bien drainés produisent, au minimum, une augmentation de rendement de 20 à 30 pour cent de la dépense faite pour le drainage. Cette proportion est très-modérée, car, en général, fournitures et main-d'œuvre comprises, on draine bien un hectare de terre avec 200 à 300 fr.

tout doivent être bien cuits, ce que l'on reconnaît quand, par le choc, ils rendent un son clair, vif, sec. Cette condition est d'une très-haute importance pour la durée du drainage, et on ne saurait y apporter trop d'attention, car des tuyaux mal cuits se délitent en peu de temps et sont une cause certaine d'obstruction.

Les tuyaux bien cuits, après avoir séjourné dans l'eau pendant dix heures, ne doivent pas peser plus de 15 pour cent en plus de leur poids primitif et quel que soit le temps qu'ils y resteraient en plus, ils ne doivent plus augmenter de poids. Ainsi, cent kilogrammes de tuyaux, après avoir été trempés pendant 10 heures et davantage dans l'eau, ne doivent peser que 115 kilogrammes.

Les bons tuyaux, exposés à l'air, résistent aux premières gelées d'hiver.

§ III.

Drains d'assèchement. — Collecteurs. — De ceinture. — Ligne de plus grande pente. — Direction des drains d'assèchement et des collecteurs. — Thalweg. — Obstruction des drains. — Regards. — Exemples de différents tracés. — Raccordements des tuyaux d'assèchement avec les collecteurs.

On appelle drains d'assèchement des tranchées qui soutirent l'eau du sol et la conduisent dans des drains collecteurs.

Les drains collecteurs sont des tranchées qui reçoivent l'eau des drains d'assèchement et qui la conduisent hors du terrain drainé, soit dans un réservoir, soit dans un fossé, une rivière etc., etc.

On appelle ligne de plus grande pente, celle que suivent les eaux en coulant librement sur la surface du sol. Cette ligne est perpendiculaire (1) en chaque point à la ligne de niveau passant par ce point.

Pour établir cette ligne, on prend deux points d'un plan à la même hauteur, on joint ces deux points par une ligne sur laquelle on élève une perpendiculaire.

Les drains d'assèchement doivent être établis sur la ligne de plus grande pente, c'est-à-dire qu'ils doivent suivre la ligne que l'eau suivrait étant abandonnée à elle-même ; 1° parce que plus la pente est forte, plus l'écoulement de l'eau est facile, et la décharge plus rapide dans le drain col-

(1) On appelle ligne perpendiculaire une ligne droite qui, en rencontrant une autre droite, fait avec celle-ci deux angles adjacents égaux, c'est-à-dire qu'elle ne penche ni d'un côté ni de l'autre.

lecteur (1) ; 2° parce que, dans cette direction, ils aspirent à égale distance des deux côtés, tandis que, disposés transversalement, ils agissent sur une plus large surface par le haut que par le bas, ce qui fait que le terrain est inégalement drainé ; 3° parce qu'il existe dans la terre des couches poreuses à travers lesquelles les eaux suintent de préférence et qui, au lieu de suivre l'inclinaison de la surface, gisent dans une direction horizontale et qu'en établissant les drains suivant la linge de plus grande pente, on a la certitude de rencontrer ces couches et de les traverser.

Les drains collecteurs se placent dans la partie inférieure ou basse du terrain appelée Thalweg, d'un mot allemand qui signifie le fond de la vallée.

On leur donne une pente suffisante et convenable pour l'écoulement de l'eau, en les plaçant, au besoin, dans une direction un peu oblique (2) par rapport aux drains d'assèchement, c'est-à-dire en les relevant un peu dans la partie supérieure.

Il arrive aussi qu'on a recours à des drains collecteurs intermédiaires, coupant le terrain en deux parties et emmenant les eaux de la partie supérieure, lorsque les drains d'assèchement ont une trop grande longueur, que la pente du terrain est trop faible et qu'il faudrait des tuyaux d'assèchement de trop fort calibre, ce qui deviendrait encore plus coûteux ; mais on n'a besoin de recourir à ce moyen que lorsque les drains ont plus de 300

(1) Cette pente ne devrait jamais avoir moins de 0^m,002 par mètre.

(2) La ligne oblique diffère de la perpendiculaire en ce que celle-ci forme deux angles égaux avec une autre ligne qu'elle rencontre, tandis que la première forme deux angles inégaux, c'est-à-dire qu'elle penche d'un côté.

mètres de longueur, que la pente par mètre est inférieure à 0^m,005 et que le diamètre des tuyaux a moins de 0^m,05.

Sur une surface régulière, les drains d'assèchement sont placés parallèlement les uns aux autres, il y a dans un terrain autant de systèmes de drains parallèles qu'il y a de plans présentant une déclivité ou inclinaison différente.

Chaque système de drains parallèles conduit ses eaux dans un collecteur différent, à moins que les déclivités de deux plans ne se dirigent vers une même ligne de fond, comme dans la fig. 5.

Quand on reconnaît une infiltration provenant des champs supérieurs, on établit un drain de ceinture au-dessus des drains d'assèchement avec lesquels on le raccorde, ou avec un collecteur, si cela est nécessaire.

Ainsi, dans la pratique, on décompose un champ en parties à peu près planes, ayant la même pente, et on dirige les drains d'assèchement parallèlement les uns aux autres, suivant la ligne de plus grande pente de chacune de ces parties planes.

Pour faciliter l'intelligence et l'application de ce qui précède, nous donnons le plan et l'explication de différents terrains drainés :

La figure 2 nous donne l'exemple du drainage le plus simple : les parallèles sont perpendiculaires aux courbes de niveau et le collecteur ne suit qu'obliquement le Thalweg pour lui donner la pente convenable à l'écoulement de l'eau. Cette obliquité empêche aussi l'eau des tuyaux d'assèchement d'arriver à angle droit dans le collecteur.

La figure 5 représente un terrain dans lequel on utilise un seul collecteur pour deux plans différents ayant des pentes opposées.

C'est avec intention qu'on a évité la rencontre de deux drains d'assèchement sur un même point du collecteur.

Les parallèles y sont aussi plus rapprochées par le bas que par le haut ; parce que dans le bas on a trouvé une plus grande quantité d'eau à éconduire, que les drains y ont moins de profondeur et que le sous-sol y est plus compact.

La figure 4 représente un terrain plat long de plus de 300 mètres et n'ayant pas une pente suffisante, dans lequel on a été obligé d'établir un collecteur intermédiaire.

Pour remédier à la pente qui manque, on établit une pente artificielle par un relèvement général, c'est-à-dire qu'on donne aux drains d'assèchement moins de profondeur à la partie supérieure que près du collecteur dont la profondeur est déterminée par le niveau des crues ordinaires du cours d'eau évacuateur.

On y remarque aussi que les drains d'assèchement A sont à 5 ou 6 mètres de distance du collecteur intermédiaire CC, ce qui indemnise en partie le propriétaire ou fermier des frais du collecteur intermédiaire, et ce qui achève de l'indemniser, c'est que par cette disposition les tuyaux de $0^m,05$ de diamètre intérieur sont suffisamment gros, tandis qu'il en aurait fallu d'une dimension supérieure, si les drains d'assèchement avaient été conduits du haut de la pièce jusqu'au bas sans le secours de ce collecteur.

Les eaux s'y trouvent éconduites par le collecteur C'', qui traverse, pour arriver à un débouché, la propriété d'autrui en vertu de la loi du 10 juin 1854.

On donne autant que possible, à l'extrémité inférieure du collecteur une plus forte pente, afin de donner à l'eau la vitesse nécessaire pour déplacer les matières faisant obstacle à son écoulement.

La figure 5 se compose de cinq plans dont les points culminants sont en a, b, d, e. Un ruisseau parcourt la propriété de f en g. Le collecteur C traverse le petit ruisseau et rencontre le collecteur C' près du pont au point R où il convient d'établir un regard. Le collecteur C' passe sous le pont de la route et continue jusqu'en R', où il décharge les eaux dans le canal ou réservoir.

Dans cet exemple, il est facile de comprendre que les collecteurs C C' à sa naissance et C'' conduisent beaucoup moins d'eau que le collecteur C' en aval (au dessous) du pont. Pour ce motif, les tuyaux du collecteur C' en aval du pont devront être d'un calibre plus fort.

Ainsi, souvent le même collecteur se compose de tuyaux de différents diamètres. D'abord, on emploie dans la partie supérieure ceux de $0^m,049$, puis ceux de $0^m,055$; enfin, s'il y a lieu, ceux de $0^m,07$ ou plus gros suivant les besoins, et même, lorsqu'un seul tuyau collecteur ne suffit pas pour éconduire toute l'eau amenée par les drains d'assèchement, on en place deux, l'un à côté de l'autre ou l'un au dessus de l'autre au fond du même drain. Pour les tuyaux d'assèchement le calibre de $0^m,05$ suffit (1).

(1) En effet, supposons que les tuyaux d'assèchement soient espacés de 12 mètres, qu'ils aient $0^m,30$ de longueur et $0^m,03$ de diamètre. Supposons en outre qu'il tombe une forte pluie de $0^m,015$ dont l'excès d'eau doit s'écouler en 36 heures, terme moyen, car généralement elle emploie à cet effet de 24 à 48 heures.

Cherchons d'abord quel est le volume d'eau que chaque joint doit éconduire. Pour cela faire, il faut multiplier :

Les tuyaux collecteurs doivent être de toute leur épaisseur en contre-bas des tuyaux d'assèchement; la figure 6 indique comment se pratique le raccordement du drain d'assèchement avec le collecteur. Le premier légèrement recourbé vers l'une des extrémités, s'engage par cette même extrémité dans une ouverture circulaire pratiquée dans le deuxième.

Mais, comme il n'est pas toujours facile de se procurer des tuyaux ainsi disposés pour les raccordements, on est obligé d'avoir recours à un autre moyen. Alors on fait en sorte qu'il se trouve dans le collecteur, vis-à-vis de chaque drain d'assèchement, une discontinuité, un joint auquel on donne la largeur intérieure du tuyau d'assèchement qu'on y ajuste. Puis on recouvre soigneu-

1° l'espacement par la longueur du tuyau $12 \times 0,30 = 3^m,60$; 2° cette surface par la hauteur d'eau $3^m,60 \times 0^m,015 = 0^m,054$ ou 54 litres d'eau. De cette quantité il faut supposer qu'un quart s'évapore et qu'un autre quart s'écoule à la surface de la terre ou est absorbé par les plantes; ce qui réduit le volume d'eau à éconduire en 36 heures à 27 litres ou en une heure $\frac{27}{36} = 0^{lit},75$ ou 7 ½ décilitres par heure et par joint.

Cherchons maintenant quelle est la surface carrée équivalente à la surface circulaire d'un joint de tuyau n'ayant que $0^m,03$ de diamètre et que $0^m,002$ d'ouverture forcée par les aspérités et les inégalités des deux extrémités. Ainsi $0^m,03$ diamètre $\times 3, 14$, rapport de la circonférence au diamètre $= 0^m,0942$ circonférence intérieure du tuyau. Si on admet que l'eau n'y pénètre que par les $\frac{2}{3}$ du contour, on aura $0^m,0628$ à multiplier par $0^m,002 = 0^m,0001256$ surface de chaque joint par où l'eau s'introduit ou un centimètre carré ¼.

Or, il est évident que 7 ½ décilitres d'eau passeront très-facilement en une heure dans une ouverture d'un centimètre carré ¼. Il est donc évident aussi que si elle peut s'introduire dans le tuyau, qu'à plus forte raison celui-ci suffira aussi pour l'écouler.

sement chaque point de jonction avec des débris de poterie et on protége le tout avec des pierres et de la mousse de chêne (1), surtout dans les sables pour empêcher la terre et le sable de s'y introduire. On doit y mettre les plus grands soins, et dans ce cas les arrêtes supérieures des deux tuyaux se trouveront à la même hauteur, et la différence d'épaisseur du collecteur se trouvera placée en contre-bas du tuyau d'assèchement.

Figure 7. — La bouche ou décharge des tuyaux collecteurs doit être défendue contre l'introduction des animaux tels que le rat et la taupe. A cet effet, on introduit, dans les deux derniers tuyaux, une tige de fer recourbée qui laisse à l'eau le libre écoulement et qui protége les tuyaux contre l'obs-truction.

Pendant que nous parlons d'obstructions, disons tout de suite 1° que l'ouverture supérieure du dernier tuyau de chaque drain doit être fermée au moyen d'une petite pierre plate et de débris de poterie, afin que ni terre ni animaux ne puissent s'y introduire; 2° que plus les drains sont profonds, moins les tuyaux sont exposés à être obstrués; 3° qu'il est prudent de s'éloigner au moins de 5 mè-tres des haies et de 10 mètres des plantations d'arbres, tels que frênes, peupliers, saules, châtai-gniers et en général et surtout des arbres à bois blanc, dont les racines, en cherchant l'humidité, s'introduisent dans les tuyaux et les obstruent complètement; et 4° que lorsqu'on traverse des sables mouvants on emploie des tuyaux suffisam-

(1) On doit éviter d'employer, dans le drainage, toute autre matière organique, telle que paille, fascines ou autres, dont la décomposition obstruerait les drains.

ment gros dans lesquels on introduit les tuyaux ordinaires servant au drainage, ayant bien soin d'alterner les joints de ces tuyaux enveloppés, faisant fonction de manchons. Par ce moyen, les tuyaux sont moins exposés à être obstrués et dérangés (1).

(1) On peut aussi, pour consolider les tuyaux dans les sables, les marais, ou même quand un drain traverse un ruisseau, couler au fond du drain une couche de béton de 0^m,15 d'épaisseur, sur lequel on pose les tuyaux au tiers noyés dans le béton.

Le béton se fait avec du mortier et du gravier ou de la pierre cassée bien fin.

Pour un mètre cube, il faut un demi-mètre cube de mortier et les trois quarts du mètre cube de gravier.

On fait d'abord le mortier, puis, sur un nouvel emplacement, on jette une brouettée de mortier; par dessus on met une brouettée et demie de gravier, puis une nouvelle brouettée de mortier et encore une et demie brouettée de gravier, et ainsi de suite jusqu'à ce qu'on ait à peu près les trois quarts d'un mètre cube de béton.

Après cette opération, deux hommes armés de griffes à béton se mettent d'un côté du tas et tirent le béton à eux et un autre homme relève continuellement les bords du tas et jette le béton, avec la pelle à l'endroit où les autres hommes griffent, jusqu'à ce que le béton soit arrivé à l'extrémité de l'emplacement, et alors ils recommencent le même travail, mais dans le sens opposé.

Après cette dernière opération on peut l'employer, et il durcit d'autant plus vite que la chaux a plus de qualités hydrauliques.

§ IV.

La porosité, c'est la discontinuité de la matière dans les corps ; on appelle pores les interstices qui se trouvent entre les diverses particules des corps. Ainsi, lorsqu'on verse de l'eau sur de la chaux vive, l'eau est instantanément absorbée ; c'est par les petits trous ou pores qui se trouvent dans notre peau que nous transpirons ; c'est à travers les pores de la couche végétale de la terre que l'eau pluviale égoutte et infiltre dans les crevasses du sous-sol, ou reste croupissante au-dessus, entre le sol et le sous-sol.

Plus ces trous sont gros et nombreux dans la terre, plus aussi elle est perméable ; et plus elle est rétentive d'eau ou imperméable, plus aussi elle a besoin d'être drainée. Ainsi un terrain argileux (glaise), avant d'avoir été drainé, laissera moins vite échapper l'eau qu'une terre sablonneuse.

L'eau se distingue par l'extrême mobilité de toutes ses parties, qui, abandonnées à elles-mêmes, présentent toujours une surface horizontale ou de niveau. Ainsi, si on met en communication plusieurs vases remplis d'eau à des hauteurs différentes, le niveau s'établit de lui-même, c'est-à-dire que l'eau a une tendance continuelle vers le niveau le plus bas. Donc, en lui offrant un moyen d'écoulement, le terrain s'assainit naturellement.

La capillarité est la propriété qu'ont les liquides

de monter dans des tubes très-fins au-dessus du niveau. Ainsi, plongez une faible partie seulement d'un morceau de sucre dans de l'eau et immédiatement vous verrez le morceau mouillé bien au-dessus de la surface du liquide. C'est aussi par l'action capillaire que l'huile s'élève dans les mèches des lampes.

C'est en vertu de cette même propriété que l'eau stagnante entre le sol et le sous-sol, s'élève à la surface de la terre par les interstices ou canaux qui se trouvent entre les diverses particules de la terre.

Il est facile d'en faire l'expérience en versant de l'eau dans une assiette dans laquelle on place un pot de fleur. L'eau y diminue sensiblement au fur et à mesure qu'elle s'élève ou s'introduit dans le pot par le petit trou pratiqué au fond.

Les drains, tranchées ou saignées ont pour but d'écarter les obstacles qui retiennent cette eau stagnante et qui s'opposent à son libre écoulement ; ils emmènent l'excès des eaux pluviales et celles de sources et neutralisent, par leur profondeur, l'effet nuisible de la capillarité.

En effet, lorsqu'on a creusé une saignée profonde dans un terrain argileux, on voit l'eau descendre vers le point le plus bas ; cette eau suinte des parois ou côtés de la saignée, alors l'argile se contracte fortement et se retire ; il se forme des crevasses plus ou moins grandes, nombreuses, rapprochées, à travers lesquelles l'eau continue de s'échapper et qui sont autant de conduits souterrains par où l'eau descend et s'écoule.

Ainsi la largeur des saignées n'influe en rien sur l'assainissement du terrain ; mais l'humidité se dégage et le terrain s'assainit en proportion de la profondeur des saignées.

Cependant, on n'est pas toujours libre de donner aux drains telle profondeur qu'on voudrait, et souvent le manque d'une pente suffisante force le draineur à se contenter, surtout dans le voisinage des cours d'eau, de la profondeur que lui assigne la décharge ou bouche de dégorgement du drain collecteur.

En général, les profondeurs varient entre $0^m,80$ et $1^m,50$; néanmoins, la pratique a prouvé qu'il faut toujours descendre (autant que possible) à un mètre au moins. En effet, cette profondeur se jus—tifie ainsi :

Epaisseur de la couche de terre qui doit être protégée contre l'humidité pour que les racines des plantes pivotantes n'aient pas en souffrir, ci, $0^m,60$

Epaisseur nécessaire pour neutraliser l'ef-fet capillaire, ci, ... $0^m,30$

Epaisseur du tuyau avec son manchon . $0^m,10$

Total . . . <u>$1^m,00$</u>

On n'a jamais regretté d'avoir drainé trop profond, et lorsqu'on se rend compte on reconnaît qu'un drainage profond n'est pas onéreux, puisqu'il permet d'espacer davantage les drains. En effet, 800 mètres de drains à $1^m,20$ de profondeur produisent pour surface des parois 1,920 mètres carrés, et 1,200 mètres de drains à $0^m,80$ de profondeur seulement n'en produisent pas davantage, et dans cette proportion de profondeur, il ne faudrait que les deux tiers des tuyaux, ce qui est une économie importante.

Quelquefois, les terrassiers non habitués aux

travaux du drainage font des observations ridicules sur le trop de profondeur, prétextant que leurs outils ne s'y prêtent pas. Ils n'ont pas à discuter la profondeur, mais à s'y conformer, et leurs outils doivent être appropriés aux exigences du travail, voilà tout.

D'un autre côté, un drainage profond assainit mieux qu'un drainage superficiel, lors même que les parois de celui-ci auraient une surface égale au premier, parce que l'eau s'échappe avec plus de force des fissures profondes que de celles qui sont très-rapprochées de la surface ; puis, le terrain se trouve mieux ameubli, les plantes sont moins exposées à la gelée, les racines pivotantes s'y plaisent et s'y développent mieux, l'air y circule sur une plus grande hauteur, on peut défoncer le terrain et le labourer plus profond, les tuyaux sont moins exposés à être dérangés par le poids des voitures chargées de fumier ou de récoltes et sont aussi oins exposées à être obstrués par les racines des arbres et de certaines plantes, et enfin on peut plus espacer les drains, comme nous l'avons prouvé avec des chiffres.

La première chose à faire quand on veut drainer un terrain, c'est de pratiquer des tranchées d'essai pour arriver par là à bien connaître toutes les particularités du sous-sol, la nature et la stratification (arrangement) des couches, et ce n'est que d'après cette connaissance approfondie qu'on peut déterminer la profondeur et l'espacement des drains ainsi que le calibre des tuyaux à employer ; mais ce n'est qu'après plusieurs jours d'ouverture qu'on peut bien distinguer la texture des couches, après que la plus grande quantité d'eau s'est retirée, et, s'il se produit des éboulements, ce sera de préférence à ces endroits qu'il convient d'étudier le sous-sol.

Pour établir l'espacement des drains d'assèchement, il faut, avant tout, avoir égard aux trois points suivants :

1° Aux sources qui peuvent y exister et qui sont la principale cause de l'excès d'humidité d'un terrain, donnant lieu quelquefois à des marais et fondrières. En effet, l'humidité des terres provient des eaux pluviales et des eaux de fond.

Les eaux de pluie s'évaporent plus ou moins, suivant la saison (1); quand elles tombent sur un terrain plat ou très-peu incliné et dont le sous-sol est rétentif, elles occasionnent une certaine humidité qui n'est que passagère et dont la plus fâcheuse conséquence est le refroidissement du sol (2); mais les eaux de fond agissent d'une manière continuelle et sont donc de beaucoup plus nuisibles.

Elles ont deux origines différentes : lorsque l'humidité excessive qui se manifeste à la surface du sol, dans les enfoncements des terrains, est permanente, elle est le résultat de sources qui partent de points plus élevés; lorsque cette humidité n'est apparente que pendant l'hiver, elle est produite par les eaux pluviales et la fonte des neiges des hauteurs voisines, pénétrant dans le sol et filtrant

(1) Pendant le printemps et l'été, 95 parties de la pluie tombée s'évaporent ; en automne et en hiver, l'évaporation n'est que de $\frac{25}{100}$. En somme, pendant toute l'année, l'évaporation est en France de 55 à $\frac{60}{100}$ de toute la qualité d'eau tombée en pluie, neige ou grêle.

(2) Ce refroidissement est d'autant plus considérable qu'il y a plus d'eau accumulée sur un sous-sol imperméable, et les plantes perdent d'autant plus de la chaleur du printemps qu'il y a plus d'eau.

alors vers un niveau inférieur, entre le sol perméable et le sous-sol imperméable.

Ces dernières s'appellent fausses sources ou intermittentes, et elles se montrent habituellement à des points plus élevés que les sources permanentes.

Ordinairement, un drain de ceinture suffit pour éconduire l'eau de ces fausses sources ou intermittentes, mais on n'assèche le terrain dans lequel se trouvent des sources permanentes que par un drainage profond dont les drains seront d'autant plus rapprochés que les sources sont plus nombreuses et plus abondantes.

Autant que possible, on les fait passer par les sources, ce qui permet ou de les détourner ou de les utiliser suivant le besoin.

Quelquefois, on parvient à dessécher les parties marécageuses en perçant, avec une tarrière, des trous à travers l'argile imperméable jusqu'à la rencontre d'une couche poreuse, mais bien plus sûrement par des saignées profondes partant de la partie la plus basse du terrain et traversant les fondrières.

2° A la nature du sous-sol, car plus le terrain est compacte et rétentif, moins on peut espacer les drains ; plus il est léger et poreux, plus on peut les espacer, parce que, dans ce cas, la filtration de l'eau éprouve moins de résistance que dans le premier.

3° A la profondeur des saignées, parce qu'on peut d'autant plus espacer les drains que ceux-ci sont plus profonds, puisqu'alors les parois, par les fissures desquelles l'eau s'échappe, présentent une plus grande surface et assainissent une masse de terre plus considérable.

Un propriétaire ou fermier qui désire faire drainer ses terres peut, par des essais, facilement reconnaître la distance la plus convenable à donner aux drains dans ses différents terrains.

A cet effet, il établit à 10, 12 ou 15 mètres, par exemple, de distance l'un de l'autre, deux drains parallèles de 1 mètre à 1^m,20 de profondeur et dans la direction de bas en haut.

Au milieu, entre les deux drains, on fait un trou, et si, après quelques jours de pluie, l'eau descend dans ce trou à un niveau sensiblement plus bas que dans un autre trou pratiqué dans le même terrain, mais à 20 mètres au moins des drains, alors on peut conclure que l'écartement n'est pas exagéré.

Si, au contraire, dans le premier trou elle s'écoule rapidement, en vingt-quatre heures, par exemple, alors on peut les espacer davantage.

En général, dans tous les drainages reconnus efficaces, pratiqués dans des terrains argileux, humides et retentifs, l'espacement des drains a varié de 10 à 15 mètres, et la profondeur de 1 mètre à 1^m,20, sauf des cas exceptionnels.

§ V.

De l'exécution. — Dimensions des drains. — Description et usage de l'outil servant à la pose des tuyaux. — Prix de main-d'œuvre du mètre courant. — Devoirs du maître draineur. — Précautions qu'il doit prendre. — Tuyaux qui doivent être rebutés. — Tableau des dimensions des tuyaux, de leurs prix et de leurs poids. — Renseignements sur les manchons.

D'abord, il y a deux manières de poser les tuyaux : à la main, et à l'aide d'un outil.

Pour les poser à la main, il faut descendre au fond du drain, auquel on donne alors les dimensions nécessaires pour que l'ouvrier puisse s'y tenir, $0^m,10$ au fond à peu près ; c'est le travail le plus parfait, qui présente le plus de garanties contre les obstructions et celui auquel nous donnons la préférence ; avec l'outil, on les pose depuis la surface du sol, ce qui permet de réduire les dimensions des drains, auxquels on peut ne donner, sur une profondeur moyenne de $1^m,10$, pour les drains d'assèchement, qu'une largeur de $0^m,30$ en haut et $0^m,07$ au fond, et pour les collecteurs $0^m,45$ et $0^m,15$, car les tuyaux de ces drains se posent toujours à la main.

D'une manière comme de l'autre, la pose des tuyaux est une opération délicate et importante qu'on ne doit confier qu'à un ouvrier habile, consciencieux et intelligent, payé largement à la journée et jamais à la tâche, et qui doit aussi être chargé de la surveillance de la confection des saignées, de la vérification des profondeurs et surtout des pentes.

On commence par le collecteur. Toutes les fouilles se font de bas en haut, et la pose des tuyaux du haut en bas.

En opérant ainsi, l'ouvrier n'est jamais con-
damné par l'eau, puisqu'elle s'écoule sans obstacles, au fur et à mesure, et, lorsque l'eau détrempe
le terrain, rien ne s'introduit dans les tuyaux et il
est toujours aisé de nettoyer le fond de la saignée
en poussant par le bas toutes les matières vaseuses ; cependant, pour ce qui concerne la pose des
tuyaux, il y a une exception à cette règle générale : c'est quand le terrain est trop coulant, sans
consistance et qu'il renferme beaucoup de sources ;
alors on pose les tuyaux dès qu'une fraction du
drain est achevée, et, comme dans ce cas on marche de bas en haut, on a soin d'introduire, dans
le dernier tuyau posé, un fort bouchon de paille
qui empêche l'entrée des parties terreuses sans
mettre obstacle à l'écoulement ou suintement de
l'eau. Pour continuer la pose des tuyaux, on retire
naturellement le bouchon et, après le dernier
tuyau posé, on l'applique de nouveau et ainsi de
suite jusqu'à la partie supérieure du drain. Un
second ouvrier ramasse soigneusement toutes les
parties vaseuses pendant que l'autre pose les
tuyaux. A mesure de la pose des tuyaux, on pro-
cède avec précaution au premier remplissage,
comme il sera dit ci-après ; mais, dans ce cas,
il faut mettre tous les soins possibles pour bien
régler la profondeur et la pente, car ce fractionne-
mnt en rend la vérification à la fois plus difficile et
plus urgente.

En pratique, la pente se vérifie de différentes
manières : soit en interceptant, par de petits barrages en terre, les eaux provenant du haut du
drain, soit en jetant dans la partie supérieure de
la tranchée, si elle est sèche, une petite quantité
d'eau dont on observe l'écoulement, mais bien plus

exactement au moyen de trois nivelettes de même hauteur (fig. 10).

Pour se servir des nivelettes, on en pose une à chaque extrémité du drain qu'on veut niveler ou dont on veut vérifier la pente, ayant soin de les bien placer à la profondeur exacte du drain, et on pose la troisième à chaque point intermédiaire qu'on veut vérifier ou établir. On hausse ou on baisse cette troisième nivelette jusqu'à ce qu'elle se trouve juste dans la ligne visuelle de l'arête supérieure des deux autres, ce qu'indique, au moyen de signes faits avec la main, un homme qui tient l'œil derrière l'une des nivelettes des extrémités à l'arête supérieure et qui fixe la partie supérieure de l'autre.

La planchette transversale des nivelettes se met en couleur noire par le bas et blanche par le haut, pour faciliter la vue et mieux distinguer dans l'espace.

On trace, avec des jalons, les drains collecteurs et d'assèchement ; on leur donne les largeurs indiquées dans le devis ou convenues avec le propriétaire, au moyen d'un cordeau de jardinier alternativement placé de chaque côté des arêtes des drains.

Tout le long de ce cordeau, un ouvrier, armé d'une bêche longue et étroite (fig. 11) (1), fait à reculons des incisions profondes. Si la terre est trop dure et résiste aux efforts des bras, alors, avec le pied muni d'une semelle en fer et attachée au moyen d'une petite courroie (fig. 8), il appuie ou frappe sur le bord supérieur, et ainsi le choc et le poids du corps triomphent de la résistance.

(1) C'est une bêche plate en bois blanc, recouverte par le bas d'une feuille d'acier.

Ces incisions pratiquées des deux côtés du drain, sur une certaine longueur, l'ouvrier, retournant au bas du drain et marchant toujours à reculons, enlève, avec la même bêche droite et en deux coups, la première tranche de terre d'une épaisseur de $0^m,30$, et un autre ouvrier, tournant la face vers le haut du drain, muni d'une pelle, enlève, s'il y a lieu, la terre meuble qui échappe à la bêche et qui retombe au fond.

Cette première tranche, qui est la terre arable, est déposée à $0^m,25$ au moins de l'arête d'un côté du drain et la terre du sous-sol de l'autre, pour ne pas les mélanger.

Cette première opération se continue ainsi jusqu'à l'extrémité supérieure du drain, puis on recommence par le bas à enlever, mais avec la bêche de fond (fig. 12) (1) et aussi en deux coups, une seconde couche de terre ayant soin de donner aux parois une légère inclinaison.

Enfin on recommence une troisième fois par le bas, et, cette fois, d'un seul coup de bêche creuse ou de fond, on enlève la troisième et ordinairement dernière couche. Le fond de la saignée se règle soigneusement avec la curette (fig. 13) dont on se sert aussi pour vider le fond.

Cette curette donne au fond une forme circulaire qui favorise le placement commode des tuyaux.

Quand les drains traversent un terrain rocailleux ou pierreux, on remplace la bêche creuse ou de fond par une pioche à pic (fig. 14) (1). Dans

(1) Tout le bas de la bêche de fond est en fer et acier et doit être bien solide ; il y a un talon mobile fixé au moyen d'un coin chassé de bas en haut sur lequel on appuie le pied quand c'est nécessaire et qu'on peut tourner à volonté suivant le besoin du travail.

ce cas, l'ouvrier qui s'en sert travaille la face tournée vers le haut du drain et est suivi d'un fouilleur qui, au moyen d'une pelle ou de la curette,
enlève la terre ameublie.

Sur le cordon de terre végétale déposée d'un
côté du drain et à la main du poseur, on distribue
les tuyaux d'avance engagés dans leurs manchons,
et on tourne du côté du drain l'extrémité des
tuyaux munie du manchon.

Pour les fouilles, un temps humide est préférable
à un temps sec : le travail est plus facile et plus
net.

L'inclinaison des talus (fruit) et l'ouverture en
gueule dépendent nécessairement de la nature du
terrain, de la profondeur des drains et du système
de pose auquel on donne la préférence.

Pour les circonstances exceptionnelles et pour
les personnes qui préfèrent poser les tuyaux à l'aide
de l'outil, nous en donnons le dessin, la description et la manière de s'en servir.

L'outil se compose d'une tige en fer, longue de
$0^m,26$, fixée à angle droit dans un manche en
bois de deux mètres environ de longueur. On introduit la tige dans le tuyau, on l'enlève et on le
dépose avec précaution au fond du drain et aussi
rapproché du précédent que possible.

Les joints des tuyaux ainsi employés sans manchons doivent être couverts de débris de poterie,

(1) Le n° 1 sert à faire les déblais de toutes sortes ; le
n° 2 s'emploie principalement pour le dressement des
talus. Cet outil est lourd, mais, avec un peu d'habitude,
il devient très-commode, parce que son poids facilite le
travail. La pioche s'emmanche par le dessus, car le manche et la douille sont coniques, comme l'indiquent les
côtes de 0,05 et 0,043 du dessin.

de pierrailles, de mousse de chêne et de mottes de terre fortement tassée ; il en est de même des raccordements des drains d'assèchement avec les collecteurs.

Pour les tuyaux employés avec manchons, la tige porte à son origine, près du manche, un épaulement circulaire destiné à recevoir le manchon, dont la longueur est égale à la moitié du manchon et dont le diamètre est supérieur à celui des tuyaux et inférieur à celui des manchons (fig. 9).

Après avoir placé un tuyau avec son manchon sur la tige et l'épaulement, on introduit l'extrémité libre dans un manchon déjà mis en place et on dépose à la fois les deux pièces au fond de la tranchée, ayant soin de bien rapprocher le tuyau du précédent et de serrer un peu sur le manchon pour qu'il s'entaille dans la terre.

Immédiatement après la pose des tuyaux, on fait le premier remplissage à $0^m,25$ de hauteur environ, avec la terre argileuse qu'on aura soin de piétiner. On n'attendra pas plus de deux heures pour faire cette opération.

Deux jours après ce premier remblai, on fera successivement les autres et toujours par couche de $0^m,25$ d'épaisseur et piétinés ou damés avec le même soin.

La couche de terre arable sera employée en dernier et comblera le drain. Dans les prés, c'est le gazon.

Le prix de main-d'œuvre du mètre courant de drain, y compris la pose des tuyaux et le remplissage, varie généralement entre un minimum de 0 fr. 15 et un maximum de 0 fr. 20, suivant les difficultés que présente le terrain et les dimensions qu'on donne aux drains.

La plupart du temps, on traite à 0 fr. 20, le mètre courant, avec un entrepreneur qui sous-traite avec des ouvriers auxquels il donne pour les fouilles et le remplissage 0 fr. 12 par mètre et qui se réserve 0 fr. 08 à lui-même pour la pose et son bénéfice. Cette manière de traiter n'est pas avantageuse pour le propriétaire ni équitable envers les ouvriers.

Lorsqu'un propriétaire veut que son travail soit bien exécuté, il s'arrange de manière que la confection des drains soit confiée aux uns ; l'approche et la pose des tuyaux avec le premier remplissage aux autres ; à ceux-ci, les derniers remplissages avec le pilonage, et dans ce cas il est obligé de fractionner le salaire et de faire la part de chaque chose ; alors, à notre avis, voici la part afférente à chaque travail, par mètre linéaire :

Les ouvriers, suivant leurs emplois, doivent fournir le cordeau de jardinier, les semelles en fer, les bêches plates et de fond, les pelles, pioches, nivelettes et curettes.

Pour les fouilles et l'usure des outils par mètre linéaire, ci . . . . 0^{fr},125

Pour la disposition des tuyaux à côté des drains, la pose des tuyaux et le premier remplissage, ci . . . . 0^{fr},04

Pour les derniers remplissages et le pilonage, ci . . . . 0^{fr},025

Pour frais généraux et surveillance, ci 0^{fr},01

Total . . 0^{fr},20

D'après ce détail, si on traite avec un entrepreneur et que celui-ci veuille poser les tuyaux lui-même, il aura donc pour lui 0 fr. 05 par mètre linéaire, ce qui nous semble suffisant, mais pas exagéré.

La pose des tuyaux est évidemment le travail le
mieux rétribué, parce que là est l'important, et
nous le répétons, ce n'est pas à la tâche qu'il faut
faire faire ce travail, mais à la journée largement
rétribuée, soit de 3 à 4 fr, ou 0 fr. 30 à 0 fr. 35
l'heure.

L'ouvrier chargé de ce travail délicat doit aussi
vérifier la profondeur et la pente des drains, il doit
soigneusement approcher les tuyaux, au besoin les
caler au fond de la tranchée avec de petites pierres
et recouvrir le tout d'une couche de terre argileuse
de $0^m,25$ d'épaisseur, piétinée avec précaution. Il
doit aussi tous les soins aux raccordements qu'il
faut minutieusement protéger contre toute cause
d'obstruction et bien fermer aussi l'ouverture supérieure du premier tuyau de chaque drain.

Si la tranchée est boueuse, il faut qu'il la balaie
au fur et à mesure de la pose, et bien souvent elle
a encore besoin par place d'être régalée et damée
pour éviter les ondulations.

C'est aussi à lui de faire le triage des tuyaux qui
ne sont pas toujours uniformément beaux et régu-
liers. Il doit rebuter tout tuyau qui dans sa longueur est courbe de plus de six millimètres et dont
l'ouverture est aplatie.

Parmi les tuyaux non rebutés, il y en a encore
qui ne sont pas irréprochables et qui, cependant,
peuvent servir ; ceux-là seront exclusivement employés dans les parties supérieures des drains,
généralement moins fatiguées que les parties infé-
rieures.

Enfin, tout ce travail, d'un bout à l'autre, doit
être exécuté, non machinalement, mais avec intelligence et sollicitude ; il n'y a rien d'indifférent.
Chaque détail a son intérêt et son importance.

Voilà donc ce qui explique la large part que nous lui avons faite dans la répartition.

Si on marchande la main-d'œuvre avec un entrepreneur, il est prudent de le rendre responsable du travail pendant un an, et, pour que cette garantie ne soit pas illusoire, il laisse entre les mains du propriétaire 10 p. 0/0 de ce qui lui est dû jusqu'après l'année écoulée. Il est juste de lui en servir les intérêts.

Le choix des tuyaux est de la plus haute importance, nous en avons donné le motif, et nous le répétons, parce que par expérience nous connaissons les désagréments qui résultent de l'emploi des tuyaux mal cuits.

Dans nos environs, les tuyaux que le service hydraulique emploie le plus souvent et dont on est généralement satisfait, viennent de Niderviller (village près de Sarrebourg).

Voici, pour la gouverne des propriétaires et des entrepreneurs draineurs, les renseignements que nous avons pu nous procurer sur ces produits :

N^os des tuyaux.	Diamètres des tuyaux APRÈS CUISSON.		Par millier de tuyaux.	
	Intérieur.	Extérieur.	Prix en fabriq.	Poids en kilogr.
1	0^m,03	0^m,046	18 fr.	550
2	0^m,035	0^m,053	20 »	700
3	0^m,049	0^m,065	30 »	1050
4	0^m,055	0^m,075	38 »	1300
5	0^m,07	0^m,095	50 »	1900
6	0^m,08	0^m,104	60 »	2100
7	0^m,10	0^m,126	80 »	2500

Ces tuyaux ont 0^m,50 de longueur, et ceux qui sont destinés à être employés en manchons sont, avant la cuisson, divisés en cinq, ce qui donne à chaque manchon 0^m,06 de longueur.

Le n° 3 sert de manchons au n° 1 et le millier coûte 6 fr. 50.

»	3	»	2	8
»	4	»	3	12
»	6	»	4	15

Pour la facilité des cultivateurs plus rapprochés de Nancy que de Niderviller, ou pour ceux qui voudraient faire contre-voiture, on a établi un dépôt de ces tuyaux et manchons à Nancy, chez M. Gaston Bécus, rue Saint-Dizier, 137.

En les prenant là, il faudrait ajouter, pour frais de transport, aux prix établis plus haut :

2 fr. par mille pour les n°s 1 et 2.
3   »   » 3 et 4.
5   »   » 5, 6 et 7.

Nota. — Nous tenons à la disposition de MM. les cultivateurs et des ouvriers une collection d'outils modèles dont ils pourront prendre connaissance.

DE L'IRRIGATION.

Les opérations qui contribuent le plus à augmenter la qualité et la quantité du fourrage, sont le drainage, qui enlève une humidité nuisible; et l'irrigation, qui procure une humidité salutaire et une grande fertilité par l'engrais et le limon que l'eau amène et dépose. Il est donc bien vrai que le drainage et l'irrigation produisent l'abondance.

L'irrigation ou arrosement consiste à conduire de l'eau provenant d'un cours d'eau plus élevé que le sol à irriguer, dans une prairie, *de manière qu'elle se répande sur toutes les parties où l'irrigation est utile et à la retirer à volonté.*

Pour que l'irrigation se fasse dans de bonnes conditions, il faut que la pente de la surface soit bien réglée et bien unie.

Avant tout, il faut donc bien régler la pente pour que l'eau *ne séjourne nulle part et arrive partout:* ainsi, la terre des élévations sera utilisée dans les fonds, et par le niveau on s'assure de la direction à donner aux rigoles.

Avant d'aplanir les élévations, on enlève avec précaution le gazon, et, après le nivellement, on le replace aux mêmes endroits, à moins que l'herbe n'en soit de mauvaise qualité: dans ce cas, on ensemence la surface dépouillée de son gazon avec de la graine de bonne provenance et d'herbes qui mûrissent en même temps.

On élève le niveau du cours d'eau dont on emprunte l'eau au moyen d'une vanne ou d'un barrage placé dans le cours d'eau qui, alors, déverse l'eau dans une grande rigole pratiquée presque horizontalement à la partie supérieure de la prairie et qu'on appelle *canal de dérivation*.

Au dessous et parallèlement à ce canal, on établit des rigoles d'irrigation de 10 en 10 mètres les unes des autres et plus rapprochées si la prairie a une forte pente.

A celles du bas on donne moins de largeur et moins de profondeur qu'à celles du haut, et le bord, coupé à la hache, doit en être bien uni, ainsi que celui du canal de dérivation.

Par de petits barrages temporaires, qu'on déplace à volonté, faits en gazons, pierres ou planches, placés de distance en distance, dans le canal, on fait déverser l'eau par dessus le bord ; elle arrose l'intervalle jusqu'à la première rigole, s'y rassemble et se déverse de nouveau et par le même moyen vers une autre jusqu'à ce qu'elle ait atteint la dernière et enfin la saignée, ruisseau ou rivière par où elle s'écoule (fig. 15).

On peut mettre ces rigoles d'irrigation en communication par d'autres rigoles d'irrigation perpendiculaires aux premières, comme on le voit fig. 16.

Quand la prairie à irriguer a peu de largeur, on se contente quelquefois de conduire l'eau du canal de dérivation dans toute l'étendue du pré par de petites rigoles en forme de pattes d'oies et placées de distance en distance (fig. 17).

Mais on ne dispose pas toujours de cours d'eau

et souvent il faut utiliser les moindres ressources : les eaux pluviales, celles des fontes de neige, des fossés de route, celles qui découlent des champs voisins, des prés, même celles provenant du drainage de ces mêmes champs (1) ; il ne faut rien négliger. La fig. 18 fournit un exemple de ce genre.

On établit les canaux et les rigoles au moyen du niveau et on leur donne d'autant moins de pente qu'il y a plus d'eau et que la prairie est plus sèche. Une pente d'un millimètre est plus que suffisante.

Quand on n'a pas assez d'eau pour irriguer toute la prairie d'une seule fois, on n'en arrose alors qu'une partie à la fois ; en ce cas, on bouche, avec de petits barrages, l'entrée des rigoles qu'on ne veut pas utiliser.

Un proverbe allemand dit : « Wasser macht Gras, » c'est-à-dire l'eau produit de l'herbe. C'est bien vrai, mais il faut la conduire d'une manière opportune ; sans cette précaution, on peut en perdre tout le bénéfice.

Immédiatement après la récolte du regain, mais par les temps secs seulement (2), on peut faire pâturer les prés et on cesse aux premières pluies

(1) L'eau provenant d'un drainage est une eau claire et filtrée et ne contient pas beaucoup de principes fertilisants ; la meilleure pour l'irrigation est la plus douce, celle qui est le plus chargée de bonne terre et de jus de fumier. Quand cela se peut, on fait bien d'utiliser les eaux qui descendent des villages, toujours chargées de purin et de matières organiques.

(2) On comprend que lorsque le pré est humide, les pieds des animaux y laissent des empreintes dans lesquelles l'eau s'accumule, y séjourne longtemps, puisque, à cette époque de l'année, la force d'évaporation est insignifiante et dès lors elle dénature les meilleures herbes.

d'automne. Alors on répare ou on établit les rigoles et on amène dans la prairie l'eau qui, dans ce moment, est très-fertilisante, parce qu'elle conduit une partie du fumier et de la meilleure terre des champs.

Par les fortes gelées, on cesse et on recommence par le dégel, car l'eau de neige amène sur les prés encore plus de limon que l'eau d'automne.

Dès que l'eau est redevenue claire, que le temps et la prairie sont humides, on suspend l'irrigation jusqu'au mois d'avril, époque à laquelle on recommence et on continue jusque huit jours avant la fenaison; seulement, à mesure que les chaleurs augmentent, on laisse l'eau moins longtemps : deux ou trois jours de suite au mois d'avril; plus tard, un jour et une nuit, enfin une seule nuit, sans quoi l'eau pourrirait le gazon, ce dont on s'aperçoit par une écume blanche qui se montre à la surface. Après la fenaison, on recommence l'irrigation suivant les besoins, jusqu'à l'approche des regains.

Une terre légère ou drainée supporte plus d'eau qu'un sol froid et humide. Tant que l'eau coule, elle préserve l'herbe des gelées tardives, mais dès qu'elle ne coule plus, l'herbe y est d'autant plus exposée que la prairie est moins ressuyée ; donc, au printemps, on doit retirer l'eau dès le matin.

En général, ce sont les dispositions des lieux qui décident : la quantité d'eau dont on dispose, la pente qu'a la prairie, l'écoulement qu'on peut obtenir ; mais, dans tous les cas, il ne faut jamais oublier le principe fondamental qui est : *que l'eau ne doit séjourner nulle part et arriver partout ;* tel est le but qu'on doit chercher à atteindre.

FIN.

TABLE DES MATIÈRES.

FIN DE LA TABLE.

Nancy. — Imprimerie de Hinzelin et Comp.